目　次

前　　言

本规范按照GB/T 1.1—2009《标准化工作导则　第1部分：标准的结构和编写》给出的规则起草。

本规范由中国地质灾害防治工程行业协会提出和归口管理。

本规范主编单位：中国地质科学院岩溶地质研究所、广州市城市规划勘测设计研究院、广东省地质环境监测总站、广东省有色矿山地质灾害防治中心、广东省工程勘察院、广东省地质测绘院。

本规范参编单位：深圳市地质局、深圳地质建设工程公司、中国建筑材料工业地质勘查中心广东总队、中国科学院武汉岩土力学研究所、贵州省地质环境监测站、广东金东建设工程公司、广州新时代生态环境有限公司、广东省地质测绘研究院、广东省有色金属地质局九四〇队、韶关地质工程勘察院、广东省地质物探工程勘察院、山东省鲁南地质工程勘察院(山东省地勘局第二地质大队)。

本规范主要起草人：蒋小珍、雷明堂、彭卫平、龙文华、蓝冰、魏国灵、李更尔、刘伟、郑志文、卿展晖、罗依珍、古锐开、谢荣安、张庆华、梁华贤、贾邦中、张细才、杨映新、刘志方、张伟、谭竞湘、金云龙、陈育才、戴建玲、金亚兵、罗鹏、荣延祥、晏晓红、赵建国、汪星晨、刘秀敏、夏开宗、杨荣康、罗维、朱小灵、梁家豪、温汉辉、肖永忠、陈强、洪培钿、黄志华、蒙胜武、乔丽平、刘动、卢凌燕、乔高乾、吴晓华、张丰、管振德、潘宗源、贾龙、蒙彦、吴远斌、周富彪。

本规范由中国地质灾害防治工程行业协会负责解释。

引　言

依据《地质灾害防治条例》(2004)、《国务院关于加强地质灾害防治工作的决定》(2011)、《国务院办公厅转发国土资源部建设部关于加强地质灾害防治工作意见的通知》(2001)的相关规定,经广泛调查研究,认真结合岩溶地面塌陷形成、演化的特点,总结岩溶地面塌陷监测经验,参考国家现行有关规范,并在全国广泛征求有关单位和专家意见的基础上,制定了本规范。

本规范规定了岩溶地面塌陷监测的基本要求,并对动力条件监测、地面变形监测、土体内部变形监测、简易监测等提出了要求。

岩溶地面塌陷监测规范(试行)

1 范围

本规范适用于有可能发生、已经发生且可能继续扩展或再次发生岩溶地面塌陷活动区域的岩溶地面塌陷监测。

岩溶地面塌陷监测，除应符合本规范外，尚应符合国家现行有关标准的规定。

2 规范性引用文件

下列文件对于本规范的应用是必不可少的。凡是注日期的引用文件，仅所注日期的版本适用于本规范。凡是不注日期的引用文件，其最新版本(包括所有的修改单)适用于本规范。

GB/T 6962 1∶500 1∶1 000 1∶2 000 地形图航空摄影规范

GB/T 20257.1—2015 国家基本比例尺地图图式 第1部分：1∶500 1∶1 000 1∶2 000 地形图图式

GB 12329 岩溶地质术语

GB/T 12898 国家三、四等水准测量规范

GB/T 18314 全球定位系统(GPS)测量规范

GB 50021 岩土工程勘察规范

GB 50026 工程测量规范

GB 50497 建筑基坑工程监测技术规范

GB 50027 供水水文地质勘察规范

GB/T 14158 区域水文地质工程地质环境地质综合勘查规范(1∶50 000)

GB/T 51040 地下水监测工程技术规范

CH/T 1004—2005 测绘技术设计规定

CJJ 76 城市地下水动态观测规程

DZ/T 0060 岩溶地区工程地质调查规程(1∶10万～1∶20万)

DZ 0238—2004 地质灾害分类分级

DZ/T 0283 地面沉降调查与监测规范

JGJ 8 建筑变形测量规范

3 术语和定义

下列术语和定义适用于本规范。

3.1

岩溶 karst

岩溶是指水对可溶性岩石(碳酸盐岩、石膏、岩盐等)进行以化学溶蚀作用为主，以流水的冲蚀、

潜蚀和崩塌等机械作用为辅的地质作用,以及由这些作用所产生的现象的总称。

3.2

岩溶地面塌陷 karst collapse, sinkhole

岩溶地面塌陷是与岩溶有关的地面塌陷现象。它是由于溶洞或溶蚀裂隙上覆岩土体在自然或人为因素影响下发生变形破坏,最后在地面形成塌陷坑(洞)的过程和现象,可分为基岩塌陷和土层塌陷两种。前者由于溶洞顶板失稳塌落而产生,后者由于土洞顶板塌落或土层在地下水渗流作用下发生破坏而产生。

3.3

动力条件监测 dynamic condition monitoring

对诱发或触发岩溶地面塌陷的动力条件进行监测,主要包括对岩溶管道裂隙系统水(气)压力、大气降雨进行监测等。

3.4

土体内部变形监测 subsurface soil deformation monitoring

对土体内部(或深层)的变形进行监测,以反映岩溶塌陷从土洞向上扩展演化的全过程,主要使用地质雷达监测法、同轴电缆时域反射监测法、光纤应变监测法。

3.5

地质雷达监测法 monitoring of ground penetrating

用地质雷达沿测线定期扫描,通过不同时期探测结果对比,查找异常,实现对隐伏土洞的发育、发展过程及隐伏土体变形情况的监测。

3.6

同轴电缆时域反射监测法 monitoring of time domain reflectometry

通过时域反射仪(TDR)测量埋设在岩土中的同轴电缆因土洞形成所产生的电缆断点位置,以此获取土洞的准确位置,实现对岩溶地面塌陷的监测。

3.7

光纤应变监测法 monitoring of optical fiber strain

通过光纤应变分析仪(BOTDR、BOTDA、OTDR、FBG)测量埋设在土层中光纤不同位置的轴向应变量,由于光纤的变形与土体变形一致,因此可计算出沿光纤测线的土层应变,实现对岩溶地面塌陷的监测。

3.8

地面变形监测 ground deformation monitoring

对地面观测点的水平位移和垂直位移进行监测,反映岩溶地面塌陷的影响范围及动态变化。

4 总则

4.1 监测目的

4.1.1 了解岩溶地面塌陷活动现状,为岩溶地面塌陷危险性评价提供依据。

4.1.2 掌握岩溶地面塌陷发育规律及发展趋势,为塌陷防治工程的勘查、设计和施工以及塌陷工程防治效果评价提供资料。

4.1.3 为研究岩溶地面塌陷活动规律、形成机理,预测预报岩溶地面塌陷灾害可能发生的时间、地点提供依据。

4.2 基本规定

4.2.1 岩溶地面塌陷监测应综合考虑场地岩溶水文工程地质条件、周边环境和施工方案等因素，制定合理的监测方案，精心组织和实施。

4.2.2 监测区范围应覆盖场地所处的整个岩溶水文地质单元或岩溶水系统，监测区可分为重点监测区和一般监测区。

a) 重点监测区应包括：岩溶发育强烈的地区（地下水强径流带、构造带和纯碳酸盐岩分布带等），受已有岩溶地面塌陷影响的地区，重要工程场址分布区。

b) 一般监测区包括：除重点监测区外的地区。

4.2.3 监测点应主要布置在薄覆盖型岩溶区，岩溶区类型划分见表1。

表1 岩溶区类型划分表

分类指标	类型					
	裸露型	覆盖型			埋藏型	
		薄覆盖型	厚覆盖型	超厚覆盖型	浅埋藏型	深埋藏型
可溶岩出露情况	大部分	零星	无		无	
覆盖层	第四系土层				非可溶岩	
覆盖层厚度/m	<1	1～30	30～80	≥80	≤30	>30
地表水与地下水联系情况	非常密切	密切	一般不密切	不密切	不密切	不密切

4.2.4 监测工作应按下列步骤进行：

a) 收集资料，现场补充调查，编制监测方案。

b) 设备、仪器校验和标定。

c) 地面变形监测观测点、基准点、工作基点的布设。

d) 动力条件监测点和土体内部变形测线的布置。

e) 监测设备安装与检查验收。

f) 现场监测，监测数据处理、分析及信息反馈。

g) 提交阶段性监测报告。

h) 现场监测工作结束后，提交完整的监测资料及总结报告。

4.3 监测内容

岩溶地面塌陷监测内容包括岩溶地面塌陷动力条件监测、土体内部变形监测、地面变形监测和简易监测，相应的监测指标和监测方法见表2。

表2 岩溶地面塌陷监测内容及监测方法

名称	监测指标	监测方法
动力条件监测	岩溶管道裂隙系统水气压力、第四系水位	孔隙水压力传感器、渗压计、水位计测量
	降雨量	雨量计测量

表 2　岩溶地面塌陷监测内容及监测方法(续)

名称	监测指标	监测方法
土体内部变形监测	岩溶土洞形成演化 土层扰动带形成演化	光纤应变监测(BOTDR、BOTDA)
		同轴电缆时域反射监测(TDR)
		地质雷达监测(GPR)
地面变形监测	地表水平位移和垂直位移地裂缝变化	水准及坐标测量(全站仪、经纬仪、水准仪)
		GPS 测量
	建筑物裂缝	裂缝计监测
	塌陷坑扩展	三维激光扫描监测
		无人机测量监测
简易监测	岩溶地面塌陷前兆现象,包括井(泉)的干枯、井水浑浊、地面喷水冒砂、地面下凹汇水、地板架空、墙壁开裂等	肉眼观测、皮尺测量、敲击

5　监测等级划分与监测方案编制

5.1　监测等级划分

5.1.1　岩溶地面塌陷监测等级应根据岩溶地面塌陷危害对象的重要性和成灾后可能造成的损失大小按表 3 进行划分。

5.1.2　岩溶地面塌陷危害对象重要性的等级划分应符合表 4 规定。

5.1.3　岩溶地面塌陷成灾后可能造成的损失大小的等级划分应符合表 5 规定。

表 3　岩溶地面塌陷监测等级划分

监测等级		危害对象的重要性		
		重要	较重要	一般
成灾后可能造成的损失大小	大	一级	一级	二级
	中	一级	二级	三级
	小	二级	三级	三级

表 4　危害对象重要性等级划分

重要性	危害对象
重要	城市和村镇规划区,放射性设施、军事和防空设施、核电站,二级(含)以上公路、铁路、地铁、机场,大型水利工程、电力工程、港口码头、矿山、集中供水水源地、垃圾处理场、水处理厂,工业建筑(跨度>30 m)、民用建筑(高度>50 m)、长输油气管道和储油气库、学校、医院、剧院、体育场馆等
较重要	新建村镇,三级公路,中型水利工程、电力工程、港口码头、矿山、集中供水水源地,工业建筑(跨度 24 m～30 m)、民用建筑(高度 24 m～50 m)、垃圾处理场、水处理厂、市政高压燃气管道等
一般	村屯居民点,四级公路,小型水利工程、电力工程、港口码头、矿山、集中供水水源地,工业建筑(跨度≤24 m)、民用建筑(高度≤24 m)、垃圾处理场、水处理厂、住宅小区燃气管道等

表5　成灾后可能造成的损失大小等级划分

成灾后可能造成的损失大小	灾情	
	直接(潜在)经济损失/万元	威胁人数/人
大	≥500	≥100
中	100～500	10～100
小	＜100	＜10

5.2　监测方案编制

5.2.1　系统分析整理监测区岩溶地面塌陷发育的地质背景和动力条件，明确监测等级，对于不同监测等级，应根据表6选择合适的方法。

5.2.2　监测方案应包括下列内容：

a)　岩溶地面塌陷概况、场地及周边岩溶水文地质和工程地质条件。

b)　监测等级。

c)　监测目的、依据和内容。

d)　监测点的布置与保护。

e)　监测方法、精度、频率和监测期。

f)　监测数据分析处理和异常处置。

g)　监测人员和设备配备。

h)　作业安全要求。

i)　预期成果。

5.2.3　监测工作结束后，监测单位应向委托方提供监测方案、监测总结报告等资料，并按档案管理规定，组卷归档。

表6　不同监测等级及其适宜的监测方法

监测等级	动力条件监测		土体内部变形监测			地面变形监测					简易监测
	岩溶水气压力监测	降雨量监测	地质雷达监测	同轴电缆时域反射监测	光纤应变监测	水准及坐标测量	GPS测量	裂缝计监测	三维激光扫描监测	无人机监测	肉眼观测、皮尺测量
一级	√	√	√	√	√	√	√	√	√	√	
二级	√	√		√	√		√	√			
三级	√			√			√				√

6　动力条件监测

6.1　一般规定

6.1.1　动力条件监测内容

动力条件监测包括岩溶水气压力监测和降雨量监测。

6.1.2 岩溶水气压力监测要求

岩溶水气压力监测应能反映监测区诱发或触发塌陷的岩溶管道裂隙系统水动力条件变化特点。监测点宜采用钻探或其他方式成孔，或选择符合监测要求的已有的机井、民井。

6.1.3 降雨量监测要求

降雨量监测应能反映监测区所在岩溶地下水系统（水文地质单元）范围内的大气降雨情况，一个监测区应布置不少于1个监测点，要求监测点周围无妨碍雨量计采集雨量的因素存在。

6.2 岩溶水气压力监测

6.2.1 监测点布设

6.2.1.1 根据岩溶地下水径流方向布设监测点，形成垂直于地下水流向的监测网。
6.2.1.2 存在第四系孔隙水含水层时，监测点包括岩溶监测孔和第四系监测孔。
6.2.1.3 不同监测等级岩溶地下水动力监测点间距参照表7确定。
6.2.1.4 应采用RTK、全站仪等测量监测点的坐标和标高。

表7 不同监测等级岩溶地下水动力监测点间距

监测等级	一级		二级		三级	
	重点监测区	一般监测区	重点监测区	一般监测区	重点监测区	一般监测区
监测点间距/m	50～100	500～1 000	100～200	500～1 000	200～500	1 000～10 000

6.2.2 监测孔施工技术要求

6.2.2.1 监测孔覆盖层段宜采用无水钻进，基岩段须采用清水钻进或低水压钻进，具体按照《供水水文地质勘察规范》(GB 50027)的有关规定执行。
6.2.2.2 终孔内径应不小于91 mm。
6.2.2.3 监测孔深度应根据含水层埋深和厚度确定：

a) 水源地地下水开采，监测孔深度不宜超过地下水的开采含水层底板。
b) 矿山或隧道工程疏干排水，监测孔深度应大于疏干含水层以下20 m。
c) 基坑工程施工，监测孔深度应大于工程施工层位底板以下10 m。
d) 其他地区监测孔深度应低于静止水位10 m以上，第四系监测孔深度应大于含水层底板0.5 m。

6.2.2.4 岩芯采取率：黏性土和完整岩石不低于80%，砂类土不低于70%，软土、砾类土、溶洞充填物和破碎带不低于60%；无芯间隔不得超过1 m，其中黏性土不得超过0.5 m。
6.2.2.5 监测孔均为取样孔，每一主要土层、底部土层、土层扰动带、岩溶充填物取样数量不应少于6组。取样工具和方法参照《岩土工程勘察规范》(GB 50021)的有关规定。

6.2.3 监测孔成孔工艺要求

6.2.3.1 钻孔应保持垂直，成孔过程中宜跟套管钻进，终孔后，应在套管内放入PVC护管，然后拔出套管。在拔起套管的同时，护管应不受影响。最后，孔口钢套管的保留长度根据具体情况确定。

6.2.3.2 护管的直径应不小于70 mm，放至孔底。护管由3部分组成：下部为3 m～5 m带堵头且不透水的沉砂管，中部为花管（滤水管），上部为不透水的固定段，固定段深度大于基岩面埋深1 m。

6.2.3.3 护管的固定段下部绑扎止水带，沿套管和护管之间慢速、均匀浇注水泥砂浆至地面。

6.2.4 监测仪器精度要求

6.2.4.1 监测仪器宜采用可监测岩溶管道裂隙中水气压力变化的自动监测系统。

6.2.4.2 监测仪器的量程应大于岩溶地下水气压力的年变幅。

6.2.4.3 监测仪器的测量精度：±0.5%全量程。

6.2.4.4 野外数据采集系统应具备防水、防潮、防雷功能。

6.2.5 监测系统安装要求

6.2.5.1 传感器安装要求如下：

a) 安装前应将传感器在水中浸泡30 min以上，使传感器空腔内的空气排出。

b) 应测量钻孔深度、水位埋深，设计传感器放置深度。

c) 在传感器电缆线上打上水位埋深、放置深度标志。

d) 将传感器放入水面附近，确定其0值读数（水面）。

e) 传感器放至设计深度后固定，读数。

f) 孔口应采用膨胀泡沫、玻璃胶等进行密封处理。

6.2.5.2 安装数据采集系统，进行监测系统测试，保证数据采集和信号传输等功能正常。

6.2.6 监测频率

6.2.6.1 岩溶水气压力监测时间间隔应不大于20 min。

6.2.6.2 当岩溶水气压力的日变化量大于2 m时，应缩短监测间隔时间。

6.2.7 监测数据采集

6.2.7.1 现场直接进行数据采集时，应检查参数设置的一致性，并详细检查数据，消除粗差。

6.2.7.2 客户端自动采集传输数据时，应对数据逐一进行筛选，检查异常数据，当异常数据无法从客观监测条件中找到合理的解释时，需人工剔除。

6.2.8 监测点维护

6.2.8.1 应定期检查更换数据采集系统的供电系统。

6.2.8.2 每半年应检查监测设备、孔口的密封情况。

6.2.8.3 每3～6个月应进行一次监测区岩溶地面塌陷巡查。

6.3 降雨量监测

6.3.1 监测点布设

6.3.1.1 降雨量监测点应设在能较好地反映监测区降雨特点的地方。

6.3.1.2 监测点附近地势应平坦空旷，可选择房屋顶安装或野外高杆安装。

6.3.1.3 每个监测区应布置不少于1个降雨量监测点。

6.3.2 仪器设备要求

6.3.2.1 采用雨量计进行降雨量监测，雨量计由雨量筒、数据记录仪组成，可根据实际情况选购数据无线传输和数据处理模块。

6.3.2.2 雨量计测量精度不宜低于 0.2 mm。

6.3.3 雨量计安装要求

a) 安装前，应检查确认仪器各部分完整无损，翻斗、数据记录仪工作正常。

b) 用 3 颗螺栓将仪器底座固定在混凝土基座上，调节水准泡至水平。

c) 应根据仪器说明书的要求，正确设置各项参数后，再进行人工注水试验，确认设备运转正常，符合要求。试验完毕，应清除试验数据。

d) 在离开现场前，应观察雨量计周边环境，看有没有可能遮蔽雨量计的障碍物，若有，应彻底清除。

6.3.4 运行与维护

a) 每 3 个月应定期检查雨量筒 1 次，及时清除雨量筒中的树叶、泥沙、昆虫等杂物，以防堵塞。

b) 根据电池的使用寿命定期更换数据记录仪的电池。

c) 应定期对数据记录仪进行校对。

7 土体内部变形监测

7.1 一般规定

土体内部变形监测方法主要包括地质雷达监测法、同轴电缆时域反射监测法、光纤应变监测法。采用其他方法进行土体内部变形监测时，应考虑岩溶地面塌陷的隐蔽性、突发性特点。

7.2 地质雷达监测

7.2.1 测线布置

a) 测线应布置在地形相对平缓、地面无障碍物、地质雷达天线易于移动的地区。

b) 测线周边没有金属构件或无线电发射频源等较强的电磁波干扰。

c) 测线应平行布置，测线间距应小于 3 m。

d) 地质雷达监测深度应大于 5 m。

7.2.2 仪器设备要求

7.2.2.1 设备性能要求如下：

a) 信号增益控制应具有指数增益功能。

b) A/D 转换位数不小于 16 bit。

c) 连续测量时扫描速率每秒不小于 128 线。

7.2.2.2 设备参数要求如下：

a) 雷达主机天线工作频率的选取应根据监测深度、分辨率、介质特性以及天线尺寸是否符合场地条件等因素综合确定。

b) 记录时窗的选择应根据最大探测深度与上覆地层的平均电磁波波速按下式确定：

$$T = K \times 2H/V$$

式中：

T ——记录时窗，单位为 ns；

K ——折算系数，范围为 1.3～1.5；

H ——雷达最大探测深度，单位为 m；

V ——上覆地层的电磁波平均波速，单位为 Gm/s。

c) 仪器的信号增益应保持信号幅值不超出信号监视窗口的 3/4，天线静止时信号应稳定。

d) 宜选择所用天线中心频率的 6～10 倍作为采样率。

e) 宜选择频率为 100 MHz～500 MHz 的屏蔽天线，当多个频率的天线均能符合探测深度的要求时，应选择高频天线。

7.2.3 技术要求

7.2.3.1 测线端点、拐点应埋设桩石，做好保护，采用 RTK 或全站仪等测量坐标。

7.2.3.2 现场扫描时应清除或避开测线附近的金属物、高压线及电线。

7.2.3.3 支撑天线的器材应选用绝缘材料，天线操作人员不应佩带含有金属成分的物件，并应与工作天线保持相对固定的距离。

7.2.3.4 探测过程中，应保持工作天线的平面与地面基本平行，距离相对一致。

7.2.3.5 采用连续测量时，天线的移动速率应均匀，并与仪器的扫描率相匹配；采用点测时，点距应不大于 1 m。

7.2.3.6 遇岩溶土洞异常时，宜使用两组正交的方向分别进行扫描，确定土洞边界。

7.2.3.7 记录标注应与测线桩号一致。采用自动标注时，应避免标注信号线的干扰；采用测量轮标注时，应每 10 m 校对一次。

7.2.3.8 应采用同型号设备、相同探测参数进行监测。

7.2.4 监测频率

每年不少于 2 次，当其他监测数据出现异常变化时，应及时增加 1 次测量。

7.3 同轴电缆时域反射监测

7.3.1 测线布置

a) 应根据场地特点设计布置测线。

b) 测线间距应小于 3 m。

c) 测线埋深应不小于 2 m。

7.3.2 仪器设备要求

7.3.2.1 时域反射仪(TDR)设备技术指标要求如下：

a) 脉冲发生器输出：250 mV/50 Ω · s。

b) 输出阻抗：50 Ω · s±1%。

c) 脉冲发生器和取样电路组合的时间响应：≤300 ps。

d） 脉冲发生器偏差：小于 10 ns 时±5%，大于 10 ns 时±0.5%。

e） 分辨率：1.8 mm，6.1 ps。

f） 温度范围：−40 ℃～55 ℃。

7.3.2.2 同轴电缆参数要求如下：

a） 反射损耗应小于 0.1 ρ/100 m。

b） 同轴电缆的特性阻抗应不超过(50±3)Ω。

c） 同轴电缆缠绕夹具模式下拉断的延伸率应不超过 50%。

d） 同轴电缆的拉断荷载应低于 200 N。

7.3.2.3 胶结材料要求如下：

a） 胶结材料中水泥、砂的比例应介于 1∶3～1∶4 之间。

b） 砂浆抗折强度应低于 2 MPa。

7.3.3 同轴电缆安装埋设

7.3.3.1 根据实际条件，选择水平挖槽方式或非开挖定向钻孔方式铺设同轴电缆。

7.3.3.2 安装前准备工作包括：

a） 应结合电缆布设方案(单向或回路)，计算所需电缆的长度。

b） 应连接设备测试并记录实际长度。

7.3.3.3 安装过程如下：

a） 确定同轴电缆接头位置。

b） 拉测线，用腻子粉在地面上划线。

c） 沿线挖槽或定向钻孔，直接铺设同轴电缆。

d） 搅拌砂浆，同轴电缆上覆砂浆，砂浆厚度应大于 2 cm；定向钻孔铺设时，分段灌注砂浆。

e） 记录初始测量值。

7.3.4 监测频率

每年不少于 3 次，当其他监测数据出现异常变化时，应及时增加 1 次测量。

7.3.5 监测点维护

应注意同轴电缆接头防潮防水条件检查、及时更新破损接头。每隔 4 个月应沿测线开展地表异常调查。

7.4 光纤应变监测

7.4.1 光纤埋设

a） 光纤埋设有水平埋设、垂直埋设两种方式。

b） 水平埋设光纤应根据场地特点和监测目的设计布置测线，测线间距应小于 3 m。

c） 垂直埋设光纤主要监测已探明溶洞顶板的不同层位的变形，采用钻孔埋设，钻孔数量根据溶洞的规模确定，孔深应不小于拟监测的溶洞顶板埋深。

7.4.2 仪器设备要求

a） 光纤应满足表 9 所列技术参数要求。

b) 应采用 BOTDR、BOTDA、OTDR、FBG 等光纤应变分析仪进行测量，其技术参数应满足表 10 所列要求。

表 9 光纤技术参数

项目	单模	项目	单模
纤芯/模态直径/μm	9.2±0.4	最大衰减/(dB·km^{-1})	0.4 dB/km@1310 nm、0.3 dB/km@1550 nm
工作温度/℃	−20～90	光纤净重/(kg·km^{-1})	10～20

表 10 光纤监测设备性能指标

项目	性能指标				
测量距离/km	1,2,5,10,20,40,80				
脉冲宽度/ns	10	20	50	100	200
空间分辨率/m	1	2	5	11	22
空间采样间隔/m	1	0.5	0.2	0.1	0.05
应变测量精度	±0.004%(40 με)		±0.003%(30 με)		
频率采样范围/GHz	9.9～11.9				
频率采样间隔/MHz	1,2,5,10,20,50				
空间定位精度/m	±[2.0×10^{-5}测量范围(m)+0.2 m+2.0×距离采样间隔(m)]				
应变测量范围	−1.5 %～1.5 %(15 000 μm)				
重复性	<0.04%	<0.02%			

7.4.3 光纤水平埋设技术要求

7.4.3.1 光纤安装前，应结合测线计算所需光纤的长度，同时应连接设备进行测试并记录实际长度。

7.4.3.2 可采用地面挖槽方式埋设，也可在地基工程施工期间直接埋设光纤。

7.4.3.3 地面挖槽埋设技术要求如下：

a) 确定光纤接头的位置，便于后续测量维护。

b) 测线定位，用腻子粉在地面上划线、插签标示。

c) 沿线挖槽，将开挖土体分层放置在旁边。

d) 沿槽记录地表至槽底土层的厚度与性质、土洞位置等特征，确定光纤标定位置。

e) 平整槽底部，放置光纤，在标定位置预留 2 m 光纤，间隔 2 m 用砂或粉碎的黏土固定，测量光纤。

f) 根据测线位置记录光纤在转角处、标定位置、土层性质变化位置、埋设起点及终点段的码标，并填报相关表格，参见附录 A。

g) 采用 RTK 或全站仪测量测线端点、转角点坐标。

h) 用加热法在标定位置加热，测量光纤，读取标定距离。

i) 用人工将粉碎黏土或砂回填至高度 20 cm，测量光纤。

j） 继续用机械将黏土回填至地表，压实，测量光纤长度及变形。

7.4.3.4 工程施工期间埋设技术要求如下：

a） 确定光纤接头位置。

b） 拉测线，用腻子粉在地面上划线，确定光纤标定位置。

c） 沿测线直接铺设光纤，在标定位置预留 2 m 光纤，间隔 2 m 用砂或粉碎的黏土固定。

d） 根据测线位置记录光纤在转角处、标定位置、埋设初始结束段的码标。

e） 采用 RTK 或全站仪测量测线端点、转角点坐标。

f） 用加热法在标定位置加热，测量光纤应变并读取标定距离。

g） 光纤上覆砂浆，砂浆厚度应大于 2 cm；水泥、砂的比例应介于 1∶3～1∶4 之间；砂浆抗折强度应低于 2 MPa。

h） 测量光纤长度及变形。

7.4.4 光纤垂直埋设技术要求

7.4.4.1 一般采用钻孔安装，终孔直径应不小于 90 mm，钻孔垂直度应小于 2%。

7.4.4.2 应根据孔深、孔径大小，初步估算灌浆材料用量和所需光纤的长度。

7.4.4.3 连接设备测试并记录光纤实际长度；记录钻孔底部码标位置，记录溶洞段、岩土分界、孔口等对应的光纤码标位置。

7.4.4.4 光纤埋设流程如下：

a） 放置光纤至设计深度。

b） 自下而上分段灌浆。

c） 保证光纤在灌浆过程中不被压、踩、弯折。

d） 灌浆结束后，记录孔口光纤实际码标，连接仪器设备进行测量并记录。

e） 安装孔口保护箱。

7.4.5 监测频率

灌浆结束后应每天上午、下午各测量 1 次，持续 3 d；正常监测期间，每年不少于 3 次，当其他监测数据出现异常变化时应及时增加 1 次测量。

7.4.6 监测点维护

应注意光纤接头防潮防水条件，每隔 4 个月应沿测线开展地表异常调查。

8 地面变形监测

8.1 一般规定

8.1.1 地面变形监测应主要针对已发育有塌陷坑、地裂缝、沉降带的地区。

8.1.2 地面变形监测包括地表水平位移、地表垂直位移和塌陷地裂缝、建筑裂缝的监测。

8.1.3 地面变形监测区范围的确定：在现有塌陷坑、地裂缝、沉降带外扩 100 m～200 m。

8.1.4 地面变形监测优先采用 GPS，也可采用水准测量等方法。

8.2 监测网点的布置

8.2.1 GPS 测量监测网布置要求：

a）监测网的建立及精度要求应符合《全球定位系统(GPS)测量规范》(GB/T 18314)D级以上标准要求。

b）监测网的布设应根据监测区卫星状况、接收机类型和数量、测区已有的资料、测区地形和交通状况以及作业效率综合考虑。

c）监测网可布设成闭合环或附合路线，闭合环或附合路线的边数不大于8个。

d）监测网由位于监测区之外的基准点、工作基点，以及位于监测区之内的监测点组成，可直接将基准点作为工作基点。

e）基准点、工作基点须布置在监测区以外的稳定地区。

f）测线应穿越塌陷坑、地裂缝、沉降带，尽量垂直岩溶发育方向布置，测线距离10 m～30 m。

g）监测点沿测线布置，距塌陷坑、地裂缝、沉降带不同距离应布置监测点，监测点间距应控制在5 m～20 m。

h）工作基点、监测点应按照《全球定位系统(GPS)测量规范》(GB/T 18314)要求设置标石，编制埋石说明。

8.2.2 水准测量监测网布置要求：

a）按三等水准测量标准布设监测网。

b）采用点、线、面相结合方式，组成控制整个塌陷区的监测网。

c）以塌陷带长轴或主要地质构造线方向为中轴，垂向布设3条以上监测剖面，监测点距离5 m～10 m。

d）测线应沿有利于施测的公路、大路、乡村小路布设，不要跨越500 m以上的河流、湖泊、水体等障碍物。

e）测点应保证埋设标志能反映所在位置的地面变形信息，而且便于保护、维护。

f）按《国家三、四等水准测量规范》(GB/T 12898)埋设水准标志。

8.3 仪器设备要求

应根据实际情况，选择满足精度和效率要求并经过国家计量认证的GPS系统、全站仪、水准仪、陀螺经纬仪等测量仪器。

8.4 监测技术要求

8.4.1 在进行地面测量时，应确保监测人员和仪器设备的安全。

8.4.2 应注意保持人员和设备的延续性，对同一个监测项目，应确保主要监测人员固定、测量方法和测量线路固定、测量设备固定。

8.4.3 监测中，应严格执行相关测量规范，按照仪器使用手册要求进行。

8.4.4 监测精度应满足《建筑变形测量规范》(JGJ 8)、《国家三、四等水准测量规范》(GB/T 12898)的要求。

8.5 监测频率

8.5.1 采用GPS自动监测时，岩溶地面塌陷发生后的1 d～10 d，监测频率每天不少于2次；11 d～20 d，每天测量1次；21 d～30 d，每3 d测量1次；其他时间段，每个月测量2次。

8.5.2 采用人工监测时，岩溶地面塌陷发生后的1 d～10 d，监测频率每天不少于1次；11 d～20 d，每2 d测量1次；21 d～30 d，每7 d测量1次；其他时间段，每个月测量1次。

9 简易监测

9.1 一般规定

9.1.1 简易监测主要是观测塌陷发生前后异常现象的变化。

9.1.2 简易监测工作应纳入群测群防体系，由基层巡查员承担。

9.1.3 简易监测发现重大异常现象时，应及时上报，以开展专业监测。

9.2 监测内容

9.2.1 通过对主要水点、居民点的巡查走访，观测岩溶地面塌陷前兆现象，包括井(泉)的干枯、井水浑浊、地面喷水冒砂、地面下凹汇水、地板架空、墙壁开裂等，及时填报相关表格，参见附录B。

9.2.2 巡查可能诱发岩溶地面塌陷的大型工程施工情况，及时填报相关表格，参见附录B。

9.3 监测频率

在汛期以及附近工程强烈抽水或排水期间，简易监测每天不少于1次；其余时段，每个月不少于1次。

10 数据整理和成果编制

10.1 数据整理与数据库建设

10.1.1 岩溶水气压力监测数据整理

a) 根据传感器标定参数及安装参数，及时将采集到的原始监测数据转换为水头压力、地下水位埋深、标高，形成时间系列数据，建立数据库，拷贝数据并编号存档。

b) 绘制岩溶水气压力、水位标高、水气压力变化速率的时间变化曲线图。

c) 绘制地下水位等值线图、地下水位变化等值线图、地下水位与基岩面关系图等图件。

d) 按月、季、半年、年的间隔对监测数据进行统计分析，获取岩溶水气压力、水位标高、水气压力变化速率等指标的最大值、最小值、平均值等特征值。

e) 分析可能导致数据异常的原因。

10.1.2 降雨量监测数据整理

a) 应及时分析数据，分别计算小时降雨量、12小时降雨量、日降雨量、月降雨量。

b) 建立降雨量数据库。

c) 绘制岩溶水气压力变化和降雨量关系曲线。

10.1.3 地质雷达监测数据整理

a) 地质雷达数据处理方法包括：删除无用道、水平比例归一化、增益调整、地形校正、频率滤波、$f-k$ 倾角滤波、反褶积、偏移归位、空间滤波、点平均等。

b) 选择处理方法和处理步骤时，应根据外业记录数据质量及解释要求进行。当反射信号弱、数据信噪比低时不宜进行反褶积、偏移归位处理，在进行 $f-k$ 倾角滤波和偏移归位处理前应删除无用道，并进行水平比例归一化和地形校正。

c) 绘制地质雷达剖面图像，连续测量时可绘制灰度或色谱图像，点测时可绘制波形图像，雷达图像应标注测线号、桩号、深度时间标注。

d) 结合岩溶地质条件，对探测结果进行解释，绘制雷达地质成果解释剖面图，应绘制分层界线、土洞或土层扰动带异常中心、范围、延伸方向等。

e) 对比不同时间的地质雷达探测结果，分析土洞或土层扰动带异常中心的变化。

f) 建立数据库，拷贝数据并编号存档。

10.1.4 同轴电缆时域反射监测数据整理

a) 直接根据监测数据，绘制同轴电缆时域反射曲线。

b) 对比分析同一条测线在不同时间的同轴电缆时域反射曲线，记录同轴电缆发生新断点的距离、测线实际位置、测量时间。

c) 同轴电缆时域反射测量出现断点异常时，可判断为地下岩溶土洞形成。

d) 建立数据库，拷贝数据并编号存档。

10.1.5 光纤应变监测数据整理

a) 导出数据，将光纤应变分析仪所取得的监测数据转换为土体垂向应变数据。

b) 消除仪表盲区和光纤后期维护对监测数据配准的影响。

c) 记录异常应变值的距离和实际位置、测量时间。

d) 绘制监测光纤的应变曲线图、监测光纤应变时间序列图。

e) 变形破坏判断：当光纤出现断点异常时，直接判断为岩溶土洞形成；前后两次对比结果应变量增大50%时，推断该点土体发生异常，需进一步核实土洞形成情况。

f) 建立数据库，拷贝数据并编号存档。

10.1.6 地面变形监测数据整理

a) 对数据进行甄别分析，保证数据的可靠性。

b) 计算监测点的垂直位移和水平位移，绘制监测点位移矢量图，绘制监测区地面沉降等值线图。

c) 分析地裂缝、建筑裂缝的时间变化规律。

d) 建立数据库，拷贝数据并编号存档。

10.1.7 简易监测资料整理

a) 整理简易监测记录表，建立数据库。

b) 甄别简易监测结果，填写岩溶地面塌陷简易监测结果分析表，参见附录C。

c) 建立数据库，拷贝数据并编号存档。

10.2 综合分析评价

10.2.1 监测数据分析评估

10.2.1.1 根据动力条件监测结果，分析岩溶地面塌陷危险性。

a) 通过原状土样渗透变形实验，获取土体渗透破坏、形成土洞的临界水气压力变化速率和临界水力坡降。分析监测区岩溶水气压力变化速率和第四系底部土层水力坡降的时空分布规律，当监测资料大于临界值时，进入发生岩溶地面塌陷的危险期，编制危险区分布图。

b) 分析监测区岩溶水位与基岩面位置关系的动态变化，当岩溶水位在基岩面上下波动时，处于发生岩溶地面塌陷的危险期，编制危险区分布图。

c) 分析监测区岩溶水位和第四系水位关系的动态变化，研究岩溶含水层与第四系含水层的水力联系，当两者联系紧密而且出现较大水位差时，说明第四系含水层与岩溶含水层之间的相对隔水层出现"天窗"，土体渗流作用增强，进入发生岩溶地面塌陷的危险期，编制危险区分布图。

d) 分析降雨量监测数据，统计日降雨量的动态变化，在岩溶地下水位低于基岩面的地区，当日降雨量大于该地区年平均降雨量的1/3时，进入发生岩溶地面塌陷的危险期，编制危险区分布图。

e) 定期编制水动力作用下监测区岩溶地面塌陷危险区分布图。

10.2.1.2 根据土体内部变形监测结果，圈定岩溶地面塌陷隐患区。

a) 根据各测线地质雷达解释图，圈定隐伏土洞、扰动带空间位置。

b) 根据各测线同轴电缆时域反射分析图，圈定发生断点的空间位置，通过地质雷达探测核实，确定是否为土洞或扰动带。

c) 根据各测线光纤应变监测曲线，圈定发生断点和大应变的空间位置，通过地质雷达探测核实，确定是否为土洞或扰动带。

d) 定期编制监测区土洞和土层扰动带分布图。

10.2.1.3 根据地面变形监测结果，分析岩溶地面塌陷发展特征。

a) 分析监测区各监测点垂直位移、水平位移的时空变化特点，研究地面变形的时空变化规律。

b) 根据地面变形量的大小，圈定岩溶地面塌陷影响区。

c) 每一轮监测工作完成后，编制监测区岩溶地面塌陷影响区分布图。

10.2.1.4 根据简易监测结果，定期绘制监测区地面宏观异常分布图，分析异常区的时空变化规律。

10.2.2 监测数据综合分析

a) 定期整合水动力作用下岩溶地面塌陷危险区分布图、土洞和土层扰动带分布图、岩溶地面塌陷影响区分布图、地面宏观异常分布图等图件，形成监测区岩溶塌陷危险性及隐患分布图。

b) 综合分析岩溶塌陷动力条件变化规律与岩溶塌陷隐患、宏观异常变化的关系。

c) 分析岩溶地面塌陷的发展趋势。

d) 针对岩溶地面塌陷的诱发或触发因素的动态变化特点和隐伏岩溶灾变规律，提出对策建议。

10.3 成果编制

10.3.1 监测报告

根据被监测对象（工程）的重要性与塌陷的复杂程度，一般有监测日报、周报、月报、季报、年报与最终监测成果报告等。

10.3.2 监测日报或周报

应包括主要监测数据、简单分析及可能需要报告的异常情况等信息。

10.3.3 监测月报或季报

a) 应反映主要监测数据、历时曲线及相关曲线，并对该时段内的变化规律、岩溶地面塌陷的危险性进行综合分析评价。

b) 主要图件：监测区岩溶塌陷危险性及隐患分布图。

10.3.4 监测年报

a) 主要内容应包括：自然地理与地质概况，监测对象，岩溶地面塌陷的成因、变形或活动动态特征、发展趋势，结论和建议（防灾、治灾措施等）。

b) 若有防治工程，应增加防治工程效果评价。

c) 主要图件：地质图、监测网点布置图、监测资料分析图、监测区岩溶塌陷危险性及隐患分布图、监测数据年统计表等。

10.3.5 最终监测成果报告

除包括监测年报的相关内容外，还需给出明确的结论性内容，并对被监测对象的后续处置措施提出明确建议。

附 录 A
（规范性附录）
土体内部变形光纤应变监测光纤埋设参数表

表 A.1 土体内部变形光纤应变监测光纤埋设参数表

项目名称：

坐标	位置								
	光纤埋设起点	光纤埋设终点	光纤熔接位置	标定位置 1	标定位置 2	标定位置 N	转角位置 1	转角位置 2	转角位置 N
光纤码标									
地形图 X									
地形图 Y									
光纤码标									
地形图 X									
地形图 Y									
光纤码标									
地形图 X									
地形图 Y									
光纤码标									
地形图 X									
地形图 Y									
光纤码标									
地形图 X									
地形图 Y									
光纤码标									
地形图 X									
地形图 Y									
光纤码标									
地形图 X									
地形图 Y									
光纤码标									
地形图 X									
地形图 Y									
光纤码标									
地形图 X									
地形图 Y									

填报人：__________ 审核人：__________ 时间：__________

附 录 B
(规范性附录)
岩溶地面塌陷简易监测记录表

表 B.1 岩溶地面塌陷简易监测记录表

地理位置	地面异常	异常范围 (长×宽)	附近地段 工程活动	异常时间	工程活动 时间	监测时间 (每天1次加密巡视)

注 1:地面异常(地面塌陷、土洞形成、地面开裂、房屋开裂、地表水漏失、喷砂等)。

注 2:地面工程活动[①爆破;②矿山的排水;③挖方(深度大于1 m);④机井(日开采量、井深、土层厚度、水位埋深);⑤农灌点(水位下降速度、泵的大小);⑥基坑开挖降水;⑦桩基的施工]。

记录人:__________　　　　时间:__________

附　录　C
（规范性附录）
岩溶地面塌陷简易监测结果分析表

表 C.1　岩溶地面塌陷简易监测结果分析表

地面工程活动	判断	监测措施
地面异常 20 m 范围内有农灌点	可能性大	加密巡测(每天 1 次)
地面异常 100 m 范围内有爆破行为	可能性大	禁止爆破、加密巡测(每天 1 次)
地面异常 20 m 范围内有桩基施工、基坑开挖	可能性大	上报、专业监测
地面异常 100 m 范围内新建机井	可能性大	上报、评价机井影响范围、专业监测
地面异常 200 m 范围内矿山抽排地下水	可能性大	上报、评价抽排水影响范围、专业监测